Comida para llevar

Nellie Wilder

Smithsonian

La comida para llevar puede ser buena.

¡Pero no es buena para nuestro planeta!

Tenemos mucho de esto.

PREMIUM
CASUAL
EXTRA
CREAM
COCOA

Podemos usar esto mejor.

Tenemos mucho de esto.

Podemos usar esto mejor.

Tenemos mucho de esto.

Podemos usar esto mejor.

DESAFÍO DE CTIAM

El problema

Tienes que llevar unas galletas. Pero no quieres tirar el envase a la basura.

Los objetivos

- Haz un envase para llevar las galletas.
- Usa materiales que se puedan usar más de una vez.
- El envase debe poder usarse una y otra vez.

1 Investiga y piensa ideas

Aprende sobre los envases de comida para llevar.

2 Diseña y construye

Dibuja tu plan. ¡Haz tu envase!

3 Prueba y mejora

Pon una galleta en el envase. Luego, trata de mejorarlo.

4 Reflexiona y comparte

¿Qué aprendiste?

Asesoras

Amy Zoque
Coordinadora y asesora didáctica de CTIM
Escuela Vineyard de CTIM
Distrito Ontario Montclair

Siobhan Simmons
Escuela primaria Marblehead
Distrito Escolar Unificado Capistrano

Créditos de publicación

Rachelle Cracchiolo, M.S.Ed., *Editora comercial*
Conni Medina, M.A.Ed., *Redactora jefa*
Diana Kenney, M.A.Ed., NBCT, *Realizadora de la serie*
Emily R. Smith, M.A.Ed., *Directora de contenido*
Véronique Bos, *Directora creativa*
Robin Erickson, *Directora de arte*
Stephanie Bernard, *Editora asociada*
Caroline Gasca, M.S.Ed., *Editora superior*
Mindy Duits, *Diseñadora gráfica superior*
Walter Mladina, *Investigador de fotografía*
Smithsonian Science Education Center

Créditos de imágenes: todas las imágenes cortesía de iStock y/o Shutterstock.

Library of Congress Cataloging-in-Publication Data

Names: Wilder, Nellie, author. | Smithsonian Institution.
Title: Comida para llevar / Nellie Wilder.
Other titles: Taking food to-go. Spanish
Description: Huntington Beach, CA : Teacher Created Materials, 2020. | Audience: K to Grade 3.
Identifiers: LCCN 2019041254 (print) | LCCN 2019041255 (ebook) | ISBN 9780743925402 (paperback) | ISBN 9780743925556 (ebook)
Subjects: LCSH: Food--Packaging--Juvenile literature. | Recycling (Waste)--Juvenile literature.
Classification: LCC TP374 .W5518 2020 (print) | LCC TP374 (ebook) | DDC 664/.09--dc23

Teacher Created Materials

5301 Oceanus Drive
Huntington Beach, CA 92649-1030
www.tcmpub.com

ISBN 978-0-7439-2540-2

Printed in Malaysia
Thumbprints.25940